アクアリウム☆飼い方上手になれる!

金魚

飼育の仕方、種類、水作り、病気のことがすぐわかる!

著・佐々木浩之

誠文堂新光社

Kingyo Gallery

江戸の昔から親しまれてきた金魚たち。
長い年月を経ても、まだまだその楽しみ
方は広がり続けています。
ぜひ、金魚飼育の奥の深い世界に、
一歩踏み込んでみてください。
きっと楽しくてたまらないはずです。

Kingyo Gallery

Kingyo Gallery

もくじ

はじめに …… 10

Chapter 1
金魚ってどんな魚なの？ …… 13
金魚の歴史 …… 14
金魚の名前 …… 16
金魚の体のつくり …… 18
金魚の体型について …… 20
Column 金魚の大きさについて …… 22

Chapter 2
金魚を飼う前に …… 23
どこで飼うかを考える …… 24
準備しておくもの …… 26
Column 金魚の種類とタイプ …… 28

Chapter 3
飼育環境の整え方 …… 31
金魚鉢のセッティング …… 32
水槽のセッティング …… 33
Column 金魚の寿命 …… 36

Chapter 4
金魚を飼う〈上級編〉 …… 37
金魚すくいの金魚を上手に飼う …… 38
品評会を目指す …… 42

Chapter 5
金魚の食事と水 …… 45
金魚の餌を考える …… 46
金魚の水作りと水換え …… 48
青水について …… 50
Column 金魚の尾 …… 52

Chapter 6
毎日のお世話 …… 53
基本的な日常の管理 …… 54
水換えと掃除について …… 56
季節ごとの飼育管理 …… 58

Chapter 7
金魚と水草 …… 63
金魚と水草の関係 …… 64
Column　水草と外来種の問題 …… 68

Chapter 8
金魚の繁殖 …… 71
産卵の時期 …… 72
孵化と選別 …… 74
Column　金魚の終生飼育 …… 76

Chapter 9
金魚の品種を知ろう …… 77
Column　中国と金魚 …… 96

Chapter 10
金魚の病気と健康管理 …… 97
よく見られる病気と対処法 …… 98
病気にさせない環境作り …… 102
Column　金魚の病気の治療 …… 104

Chapter 11
金魚飼育のQ&A …… 105

はじめに

金魚は昔から日本で親しまれてきた魚です。そして、現在でもお祭りなどでは金魚すくいは定番の出し物ですし、学校などでも飼っていることもあり、とても身近な観賞魚です。

とはいえ、今でもその品種はどんどん増えていて、100種以上の品種がいるともいわれます。

今回、この本ではそんな身近な魚、金魚の飼い方についていろいろな角度からまとめてみました。昔から観賞魚として飼われている魚とはいえ、実は基本を押さえておかないと、

すぐに死んでしまったりして、初心者にとっては飼いづらい面もある魚なのです。

とはいえ、きちんと飼育のポイントを押さえて飼えば、10年以上も長生きするケースも多く、実に飼いごたえのあるのが、金魚の魅力でもあります。そのほか、繁殖させて品評会に参加してみたり、さまざまな楽しみ方のある魚ですから、ぜひこの機会に、金魚の飼育を始めてみてください。きっと満足させてくれるはずです。

Kingyo Gallery

Chapter 1

金魚ってどんな魚なの？

金魚すくいなどで夏の風物詩として知られる金魚。その歴史は古く、昔から親しまれてきた魚です。

金魚の歴史

中国で生まれた金魚

金魚は今から１６００年ほど前、中国の長江で、村人が黒っぽい銀色のフナと一緒に、赤い色をした魚（緋鮒）を発見したことから始まるといわれています。これは神様の使いに違いないと思った村人が、その魚を時の権力者に献上した、という伝承が残っているそうです。この話の真偽はともかく、金魚の遺伝子を調べると、中国のフナの仲間まで辿れるのは事実です。つまり、突然変異で生まれた体色が赤いフナを、人間が観賞魚として楽しめるよう、長い年月をかけて改良や交配を重ねた結果、金魚が誕生したのです。そして、その後の交配の結果、現在のさまざまな品種の金魚がつくり出されているのです。

日本への伝来

中国で生まれた金魚が日本に伝わった年は、室町時代（1336年~1573年）の中頃もしくは末期という二つの説が一般的です。

ちなみに、初めて日本に来た金魚は、今でいう「和金」のような品種だったこと、そして初上陸の場所は泉州左海の津（現・大阪府堺市）だったといわれています。

金魚が初めてやって来た頃の日本は、諸外国でつくられた物はすべて高級品とされていました。もちろん、中国から渡来した金魚も非常に高価なものとして珍重され、しかも、当初は、飼育方法や養殖技術などに関する情報が少なく、飼育するだけでも大変だったことが想像できます。そのため、金魚を飼い、その姿を観て楽しむことができるのは、貴族や大名、豪商といわれた大金持ちの商人といった限られた人々のみだったのです。

やがて時代は変わり、江戸時代中期の元禄年間（1688年~1709年）になって、養殖技術が確立し、それが徐々に広まって各地で金魚を繁殖できるようになってきたといわれています。

そして江戸を中心とした町人文化が最盛期を迎えた江戸後期（化政文化期=1804年~1829年）なった頃から、庶民にも手の届く存在となってきました。以来、日本中で親しまれる観賞魚としての地位を確立しているのです。

金魚の名前

用語を知れば姿がわかる？

金魚といっても、さまざまな種類がいます。例えば出目金のように見た目の特徴がそのまま名前になっているものもいれば、名前だけでは見た目が想像できないような品種もいます。ただ、いくつか金魚に関する用語を知っておけば、ある程度名前を聞いただけでその姿が想像できるようになります。

例えば、金魚の品種名ではよく、更紗とか、桜といった言葉が使われています。

更紗とは赤と白の２色の体色のことで、白の部分が多ければ白勝ち更紗、赤が多ければ赤勝ち更紗などと呼ぶこともあります。また、赤一色の場合には素赤などと呼ばれることもあります。

また、その魚がもつ鱗の特徴を指した呼び名もあります。一般的な鱗は白や赤の色素を持ちますが、中には透明な鱗を持つ魚がいます。普通鱗と透明鱗が入り交じった状態の魚の場合、点在する普通鱗がまるで桜の花びらを散らしたように見えるため、桜などと呼ばれることもあるのです。ピンポンパールと呼ばれる品種のパールは、その鱗が真珠のように見える珍珠鱗に由来します。

このほかにも、水泡眼などのように、名前がその体の特徴を指している場合もあります。金魚にはさまざまな品種がいますが、名前から魚を選んでみるのも面白いかもしれません。

金魚の体のつくり

背ビレ
尾ビレ
生殖孔
排泄孔
尻ビレ

金魚の体型について

大きく分けると2タイプ

先にも述べたように、金魚はフナの突然変異である緋ブナがその祖先といわれています。もともとはフナだったものを、何代も選択交配を繰り返し、さまざまな体色や体型や特徴をもつ金魚が次々と生み出されて来たのです。ですから、金魚の体のつくりは基本的にはフナに準じています。

ただ、現在、私たちが目にする金魚は、体型だけを見ても、フナに似た体型を持つ金魚のほかにも、頭部に肉瘤をもつタイプや、体が丸みを帯びたもの、背ビレを持たないもの、ボールのような体型をしたようなタイプなど、さまざまな魚がいます。

長手の魚は泳ぐスピードが速い。

長手

典型的な丸手のらんちゅう。

フナに近いタイプの魚を「長手」、丸みを帯びた体型をもつものを「丸手」などと呼んで大別することがあります。この2つのタイプは泳ぐスピードがかなり異なるので、同じ水槽や鉢で飼育することはお勧めできません。長手の魚は泳ぎが速いため、丸手の魚を追い回して疲れさせてしまったり、餌を独り占めしてしまい、丸手の魚が弱ってしまうといったことも考えられるのです。ですから、魚同士のストレスをなくすためにも避けたほうがよいでしょう。

金魚すくいの金魚

金魚すくいでよくみられるのは和金タイプの金魚です。中には出目金や琉金などの種類が混じっていることもありますが、多くはフナのような体型をもつ、和金系の魚が中心です。実はこの和金型の金魚には早くから赤く発色するという特徴があります。金魚は稚魚のサイズの時期は本来はフナのような黒い体色がほとんどです。しかし、金魚すくいでは小型で赤い魚が好まれる傾向があるので、小さい頃から赤い発色するタイプの魚を選別交配して作っているのです。

column

金魚の大きさについて

金魚のもととなった魚はフナとされています。私たちが普段目にする金魚は小さく可愛らしい姿のものがほとんどですが、たたき池などの広い飼育環境で、しっかり餌を食べて育った金魚は、同じ魚とは思えないほど立派なサイズの魚になります。

ジャンボオランダなど、大きく育つことが知られている金魚以外でも、しっかり飼い込めば、数年で30㎝を超えるサイズに育つことは珍しくありません。特に和金のような体型の種類は大きく育つといわれていて、朱文金やコメットなどはかなりのサイズになります。

水槽や金魚鉢など、狭くて水量の少ない環境で飼育する場合、なかなかそこまでのサイズに育てるのは難しいと思いますが、それでも数年でかなり立派なサイズの金魚に育つはずです。実は大きく育つ魚なのだ、ということを頭に入れて、ある程度余裕のある飼育環境を用意してあげるようにしましょう。

Chapter2

金魚を飼う前に

金魚を飼いたいと考えている方に、その前に準備しておいたほうが良いことなどをまとめてみたいと思います。

どこで飼うかを考える

どんな飼い方をしたいのか
どこなら飼育可能か?

金魚を飼いたいと考えている方にお願いしたいことは、できるだけ飼育を始める前に事前の準備をきちんとしておくことです。金魚を飼うこと自体は難しいわけではありません。とはいえ、それはあくまでも事前にしっかり準備ができていて、そのうえで状態のよい金魚を導入した場合のこと。事前の準備ができていなかったり、導入した魚が体調を崩しているような場合では、途端に飼育の難度は跳ね上がります。

体調を崩している金魚にとって、飼育

環境が大きく変わることは、かなりの負担になります。飼い始めてすぐに金魚が死んでしまう、といいた危険性を少しでも小さくするためにも、事前の準備や環境作りをしっかりしておくようにしましょう。

そのためにも、まず最初にしておかなければいけないことがあります。それは「どこで、どんな形で飼うのか」を決めておくことです。

金魚の場合、いろいろな形で飼育することができます。庭の池やスイレン鉢などで飼育することもできますし、水槽で熱帯魚のように飼育することもできます。また、可愛らしい金魚鉢や陶器の器で飼育することも可能です。とはいえ、それぞれ事前に揃えておくものや、準備しておくことが異なるので、まずはどんな形で飼育したいのかを決めるようにしましょう。

準備しておくもの

事前に準備しておくもの

〈屋外飼育編〉

屋外で金魚を飼育する場合、池や舟などと呼ばれるＦＲＰ製の容器、スイレン鉢など、かなり大きめの飼育スペースで飼育するパターンが大半になります。用意するものとしては、容器や鉢のような大掛かりな物になりますが、水量が多い環境で飼うため、水換えなどの手間が少なくてすむというメリットもあります。

養魚場ではたたき池などで飼育されている。

プラスチック製の箱などで庭飼いも可能。

屋外でレイアウトを組むこともできる。

屋外飼育でも投げ込み式のフィルターがあると安心。

〈室内飼育編〉

室内で飼育するためには、水槽や金魚鉢が必要になります。また、水槽や金魚鉢の場合、たくさん水が入るわけではないので、水の汚れをきれいにしたり、水中に酸素を供給する装置が必要になります。また、餌や水換え用の道具も用意しておくようにしましょう。まずは下のようなアイテムがあれば安心です。

ガラス製の金魚鉢

陶器製の鉢

エアポンプ

水換え用ポンプ

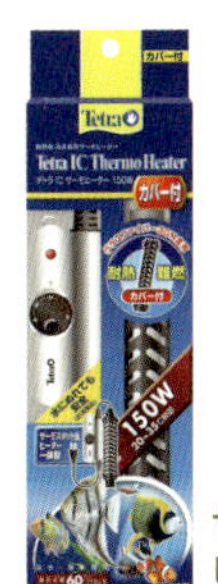

サーモ付き
ヒーター

小型のアミ

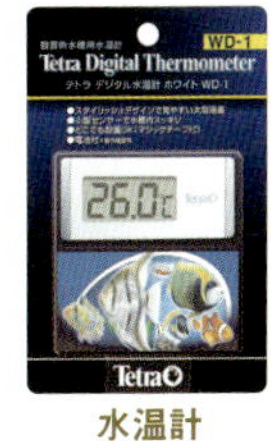

水温計

フィルター

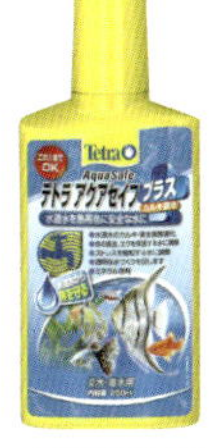

水質調整剤

小型水槽セット

金魚の種類とタイプ

金魚は長い時間をかけて、さまざまな人の手によっていろいろな品種が生み出されてきました。その品種の数はかなりの数に上ります。一説には100以上の品種がいるともいわれますが、最近では中国をはじめ、ヨーロッパなどでも新しい品種が作り出されていて、今後も品種の数は増えていくのでしょう。

ここではすべての品種をご紹介することはできませんが、金魚の品種の見方のひとつとして、タイプで分けることができます。改良のベースとなった品種や見た目などから、いくつかのタイプに分かれるので、これから飼う金魚をどの品種にするのかなどを考える時に、参考にしてみてください。

和金タイプの金魚

細身の胴を持ち、遊泳性が高い、和金に似たタイプの金魚。長手の魚などとも呼ばれる。

朱文金、 コメット、地金など

琉金タイプの金魚

胴が短めでやや太く、泳ぎはあまり得意ではない。丸手とも呼ばれることもある。

琉金、土佐金、玉サバなど

オランダタイプの金魚

頭部に肉瘤があり、体は琉金のようにやや短い胴を持つタイプ。
オランダ獅子頭、丹頂、浜錦など

出目金タイプの魚

横に張り出した目など目の部分に特徴をもつタイプ。体型はさまざま。
出目金、蝶尾、水疱眼など

ランチュウタイプの金魚

背ビレを持たず、頭部に肉瘤が発達するタイプ。泳ぎは苦手な魚が多い。
らんちゅう、大阪らんちゅう、江戸錦など

ピンポンパールタイプの金魚

全身が厚みのある鱗で覆われ、丸いボールのような体型を持つ。
ピンポンパール、ちょうちんパールなど

Kingyo Gallery

Chapter3

飼育環境の整え方

この章ではいよいよ飼育環境の整え方についてみていきたいと思います。金魚鉢をはじめとしていろいろな飼育の仕方がある金魚ですが、いずれの場合でもきちんと環境を整えてあげることが肝心です。

セッティング

〈金魚鉢のセッティング〉

金魚鉢での飼育は飼育水の量が限られているため、長期飼育には向きませんが、金魚の魅力や季節感を味わえる飼育スタイルです。

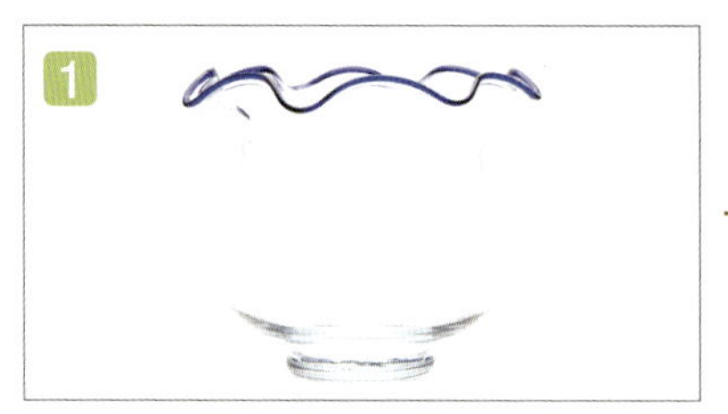

金魚鉢を用意します。汚れている場合には水ですすいで汚れを落としておきましょう。洗剤を使って洗うのはNGです。

飼育水はバケツに汲んだ水に中和剤を入れてカルキを抜くか、数日間日の当たる場所に置いて曝気しておきます。水道水をそのまま使うのは避けましょう。

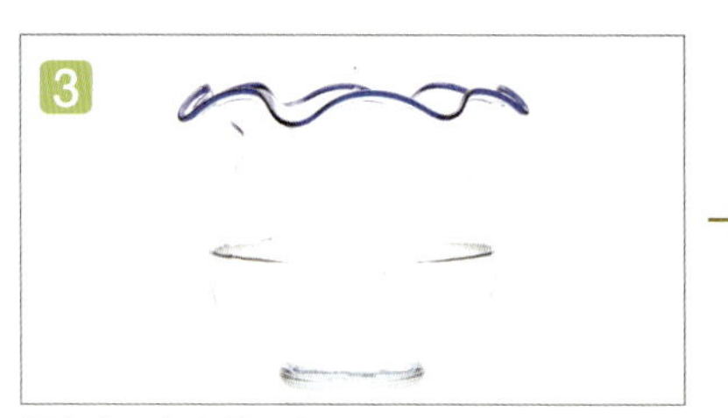

飼育水を金魚鉢に注いでいきます。この時フチ近くまで入れてしまうと、後の作業をする際にあふれてしまうので注意。

水草を少し浮かべておくと、隠れる場所ができて、金魚も多少落ち着きます。今回はホテイアオイを使用。

パッキングされた袋ごと飼育水に入れて、袋に穴を開け、少しずつ水が袋に入るようにします。このまま放置して、温度合わせ、水合わせを行います。

時間をしっかりかけて水合わせをしたら、ゆっくり金魚鉢の中に金魚を放してあげましょう。

完成

〈水槽のセッティング〉

長期飼育を考えるのであれば、水量があり、フィルターなどの設置が可能な水槽飼育がおすすめ。冬場もヒーターを使えば元気に泳いでくれます。

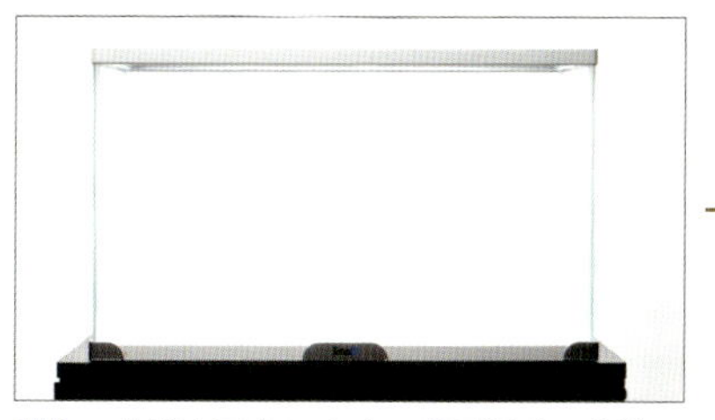

1 水槽を用意します。設置場所は水槽の重量に耐えられる棚や水槽台の上などで水平な場所を選びます。

→

2 水槽内に敷く敷き砂を洗います。バケツなどでしっかり水洗いをしておきましょう。洗剤などを使うのはNGです。

↙

3 水槽内に洗った砂を敷いていきます。厚さは2、3cm程度あれば十分です。ヘラなどを使って表面をならしておきます。

4　水草や石を使ってレイアウトを作っていきます。水草の代わりに、プラスチック製のフェイクの水草を使っても大丈夫です。

↓

5　レイアウトができたら、水を入れる準備をします。バケツに水を入れ、中和剤でカルキ抜きをしておきます。水槽内にビニールを入れて、レイアウトを覆います。

↓

6　レイアウトを覆ったビニールにかけるようにして、少しずつ水を注いでいきます。この時勢いよく入れるとレイアウトが崩れるので注意。

↓

7　水を水槽いっぱいに入れたら、フィルターをセットして、電源を入れます。できればこの状態で１週間程度水を回して、水を作ります。水が出来てくると白濁りがとれて、透明度が高くなります

8 水槽内の水が出来てきたらいよいよ金魚の導入です。パッキングの袋ごと水槽に浮かべ、水温を合わせます。

↓

9 温度合わせが出来たら、袋の口を開け、少し　ずつ水を入れて水合わせをしていきます。

↓

10 袋の中で元気に金魚が泳ぐようになれば、水合わせ終了。ゆっくりと水槽に放します。

完成

column

金魚の寿命

庭に置かれたスイレン鉢などに泳がせた金魚が、気付くともう何年も経っているけれど、ずっと元気に泳いでいる、というようなことを経験したことがある人も多いのではないでしょうか。

実は金魚は長生きする魚です。もちろん、飼い方や飼育環境、餌や病気などさまざまな要因で寿命の長さは左右されますし、個体差もあります。ですから、金魚の寿命はこれだけ、と言い切ることはできませんが、5、6年生きているといった話はよく聞かれますし、10年近く生きている、といった話も珍しくはありません。金魚は小さな稚魚の時期や、環境の変化で弱っている時などを除けば、基本的には丈夫な魚です。つまり、条件さえ整えば、それだけ長生きする可能性があるのです。

きちんと飼ってあげれば10年を超えることも十分に可能な魚なので、しっかり飼い込んで、長生きさせることに挑戦してみる、というのも面白いかもしれませんよ。

Chapter4

金魚を飼う〈上級編〉

前章では金魚の飼い方について基本的な部分をご紹介しましたが、ここではもう一歩踏み込んだ飼育について見てみたいと思います。

金魚すくいの金魚を上手に飼う

金魚すくいの金魚が弱い理由

はじめて金魚を飼う場合、「金魚すくいで金魚を持って帰ってきた」といったケースが意外と多いのではないでしょうか？　でも、この「金魚すくいでとってきた金魚」を飼うことは実は難易度が高い場合が多いのです。実際、せっかくとってきたのに数日後には死んでしまったという経験をしたことがある人も多いはずです。そこでまずは金魚すくいの金魚がすぐに死んでしまう理由から説明したいと思います。

金魚すくいで掬うことのできる金魚は、たいていの場合、小赤と呼ばれるような、まだ小さなサイズの金魚が中心です。当然、体力もそんなにあるわけではありません。そして、多くの場合、たくさんの金魚が狭いスペースの中で泳いでいて、その中から網やポイを使って掬い上げるわけです。この時に、金魚同士でぶつか

金魚すくいの金魚は体調を崩していることも多い。

ったり、網などで体表が擦れてしまったりすることがあります。また、容器内の水が汚れていたり、過密状態で入れられているので水中の酸素が足りないなど、さまざまな原因で、そもそも魚がかなり弱っていることが多いのです。これが、金魚すくいの金魚を飼うことの難しさの原因のひとつめです。

原因の2つめは、用意する環境です。自宅の庭に池がある、といったケースを除いて、ほとんどの場合、金魚を持って帰ってから慌てて金魚鉢や水槽などを準備する、といったことが多いのではないでしょうか。下手をすると、その日はビニール袋に入れたままにしておいて、翌日ペットショップに行って水槽を用意、というような場合もあるかもしれません。

つまり、もともと弱っている金魚を、急ごしらえの飼育環境に入れる、ということになるので、金魚にとってはかなりの負荷がかかってしまいます。これが金魚すくいの金魚がすぐに死んでしまう原因なのです。

酸素が足りない場合もあるので注意が必要。

まずはトリートメントを！

では、金魚すくいの金魚を上手に飼うにはどうすればよいのでしょうか？　金魚は本来は丈夫な魚といえます。健康な金魚に、整った環境を用意してあげれば、何年も元気に泳ぐ姿を見せてくれるはずなのです。

ですから、まずは金魚を健康な状態に戻すことを優先します。金魚すくいで金魚を掬ったら、寄り道をせず、すぐに家に帰る。これがまず第一歩です。金魚の入った袋の中に入っている水は少量なので、短時間で水質が悪化して、中に含まれる酸素も足りなくなってしまいます。この汚れて酸素の足りない水の中で過ごす時間をできるだけ短くすることが大切なのです。家に着いたら、水槽やプラケースなどに移して、新しい水を入れ、魚を移します。この時、ビニール袋の中の水は捨てるようにします。この水槽やプラケースの中でまずはトリートメントを行い、金魚の体力を回復させましょう。

具体的にはメチレンブルーなどの魚病薬があれば、これを使って薬浴をさせます。見た目に病気の症状が出ていなくても、予防的な意味でも薬浴をさせたほうが安心です。魚病薬がない場合には、水に塩を溶かして、塩浴をさせるのでもよいでしょう。この時、使う塩は食卓塩ではなく、岩塩やあら塩を使用します。濃度については、昔から行われてきた治療法だけあってさまざまな説がありますが、一般的には0.3〜0.5%程度の濃度で治療を行う場合が多いようです。

また、熱帯魚飼育用のヒーターがあれば使用して、水温を28℃程度まで上げてあげましょう。こうすることで、白点病などの発生を抑えることができます。１週間程度このトリートメントを続ければ、体力の落ちた金魚も回復してくるはずです。

そして、エアポンプなどを使って、しっかり水中の酸素を補給してあげることも大切です。まずはこの最初の1週間をうまく乗り切れるようケアをしてあげましょう。ちなみに、トリートメント間は餌を与えなくても大丈夫です。与える場合にはごく少量に留めておきます。餌をしっかり与えるのは魚の状態が十分に落ち着いてからにします。

しっかり環境を整える

金魚をトリートメントしている間に、飼育するための環境を整えます。理想をいえば、金魚すくいをする前に、飼育用の水槽を立ち上げておくことがおすすめですが、事前に準備できない場合でも、

養魚場での薬浴の様子。

金魚を連れて帰ってきたら、トリートメント水槽とは別に、飼育用の水槽の準備をしましょう。水槽がない場合には、バケツなどで水を汲み置きしておくだけでもよいと思います。そして、翌日にでも水槽を立ち上げて、金魚を入れない状態で、フィルターを回して数日水を循環させてあげましょう。

できれば金魚すくいの金魚をいきなり金魚鉢で飼うのは避けたいものです。金魚鉢は水量が少なく、フィルターも設置できないため、水質の悪化が速くなります。ですので、体力の落ちている金魚すくいの金魚にとっては厳しい環境になりがちです。どうしても金魚鉢のような小さな容器を使う場合には、せめてエアポンプを使って、エアレーションをしっかりして、こまめに水換えをするなどしてあげましょう。

最初の1週間をうまく乗り越えて、飼育環境をきちんと整えてあげれば、金魚は意外と丈夫な魚です。そこに辿り着くまでがなかなか大変ですが、ぜひ乗り越えて長生きさせてあげてください。

〈導入時のポイント〉

移動時間は短く

金魚を持って帰るときはできるだけ急いで帰ってあげましょう。パッキングの中の水はごく少量です。水がすぐに汚れてしまい、酸素の量も少なく、酸欠になってしまいます。金魚をはやめに水槽などに移してあげることが大切です。

金魚の状態を把握する

金魚がどういう状態にあるか、見極めておくことも重要です。特に金魚すくいの金魚は過密状態で泳いでいることが多く、体表が擦れたり、病気にかかったりしていることもあります。呼吸が荒くないか、ヒレの状態はピンと立っているか、などをチェックします。

エアレーションをしっかりする

エアレーションとは、ポンプやフィルターなどを使って、酸素を水中に送り込むこと。パッキングされた金魚は、運んでくる間に酸欠状態になっていることも多いため、エアポンプを使用してエアレーションをしっかりかけてあげることが大切です。

エサは魚が落ち着いてから

移動したての魚は新しい環境に慣れるまでしばらく時間がかかります。まずは環境に慣れることを優先させ、エサは数日間控えてください。数日餌を与えなくても、金魚が弱ることはないので、しばらく様子を見てから餌を与えるようにしましょう。

品評会を目指す

金魚好きが集う同好会

金魚を飼って美しく育てる、という楽しみ方のひとつとして、金魚の品評会があります。らんちゅうや土佐金などの品種では、その品種の飼育を楽しむ同好会のようなものがあり、年に数度品評会を開いて、美しさを競う、といった楽しみ方が昔から行われてきました。今のようにガラスの水槽などがない時代ですので、鑑賞は基本的に上見（うわみ）、つまりたらいなどに入れて上から見て、その泳ぎや姿の美しさを競うのです。こうした品評会は今でも全国各地で行われ、金魚の愛好家が集います。

金魚の会は全国各地にあって、春に金魚を交配して生まれた稚魚を育てて、秋に開かれる品評会で、その出来を競う、というのが一般的です。この間に飼育歴の長い人に育て方や餌、水のつくり方などを教えてもらったり、勉強会が開かれて金魚の育て方を学ぶ、といったことが行われています。この本に掲載しているような一般的な飼育方法だけでなく、伝統的な飼育のノウハウや魚が調子を崩した時の対応方法といったことから、魚の見方や青水のつくり方といった、なかなか知る機会の少ない情報や知識を得られる場となっているので、金魚の世界にもっと踏み込んでみたい、という方は一度覗いてみてはいかがでしょうか。

Kingyo Gallery

Chapter5

金魚の食事と水

この章では金魚の飼育に欠かせない、食事と飼育水について見ていきたいと思います。

金魚の餌を考える

餌の与えすぎには注意

金魚は基本的に植物性プランクトンや藻のような物を食べて生きています。ですから、自然下にある池などでは勝手に発生する藻やプランクトンを食べているわけですが、屋内で水槽などで飼育している場合、十分な量の植物プランクトンや藻が発生しないので、市販されている金魚の餌を与えることになります。この時、注意したいのが餌の与え過ぎです。

金魚は餌を見れば寄ってきてパクパク食べてくれるので、つい多めにあげてしまいがちですが、食べ残した餌は水質を悪化させます。また、与えすぎると金魚の内臓にも負担をかけてしまいます。本来、金魚は数日間餌を与えなくても死んでしまうことはありません。餌を与えるときには「少し少ないかな」くらいにとどめて、与え過ぎに気をつけましょう。

市販されている金魚の餌には水面に浮

くタイプの物と、沈んでいくタイプの物があります。基本的にはどちらでも問題ありませんが、浮くタイプの物であれば食べ残してもすぐに網などで掬えるというメリットがあります。また、色揚げ効果のある餌も販売されていますが、こうしたタイプの餌を与えると、赤の発色が良くなります。

市販の餌以外の物では、パン粉やマッシュポテトを練ったもの、ご飯粒、麩などは餌として代用は可能です。とはいえ、これはあくまでも緊急時の代用くらいにとどめるべきです。人間用の食べ物は市販の金魚の餌と比較すると、非常に腐敗しやすいため、食べ残しが水槽内に残ってしまうと、一気に水質を悪化させてしまいます。そして結果的に金魚の飼育環境を悪くさせて病気などを発生させてしまう可能性が高まってしまうのです。ですから、基本的には市販の餌を適度な量与えていくことが、金魚の飼育には最適といえます。

〈エサの一例〉

キンギョのエサ

テトラフィン

金魚の水作りと水換え

本来は青水で飼うのが一番

金魚は養魚場で育てられ、ある程度の大きさになったら出荷されます。ですから、養魚場と同じような水質を作ることができれば、金魚にとってはいちばん棲みやすい水になるはずです。一般に養魚場などでは屋外の養殖池で金魚を飼育しているため、その水には植物性プランクトンがたくさん含まれているため、緑色

養魚場などの水には植物性のプランクトンが豊富に含まれる。

をしています。よく金魚の愛好家などが「青水」と呼ぶのがこの緑色の水のことです。自宅でも池やスイレン鉢などで屋

外飼育するのであれば、徐々に飼育水がこの青水の状態になっていくはずです。屋外の飼育であればこの青水を目指せばよいのですが、屋内の水槽飼育などでは、この青水と同じような状態の水を作ることは困難です。もちろん、十分に日の当たる場所であれば、ある程度植物プランクトンは発生します。しかし、金魚はフンも多く、水を汚しやすい魚です。水槽などの水量の少ない環境では水質悪化のスピードも速くなるので、なかなか青水になるまで水換えをせずに同じ水を使い続けるということが難しいのです。そうなると、定期的に水換えをして飼育をすることになります。

定期的な水換えで水質を維持しよう。

水槽内の水の維持管理

日本の水道水には消毒用のカルキが含まれています。飼育水で水道水を使う場合、これを除去することが必要になります。カルキ抜きや日光に数日晒すことで、しっかりカルキを抜いた水を飼育水に使うようにしましょう。

新たに金魚の飼育水槽を立ち上げる場合には、金魚を導入する1週間程度前には水槽を立ち上げて、フィルターを稼働させておきます。そうすることで、水がこなれてくるとともに、水槽内にバクテリアが増えて、水槽内で生物濾過ができるようになります。

また、水換えをする時にはすべての水を換えてしまうのではなく、2／3程度は元の水を残しておき、そこに新しい水を加えるようなイメージで水換えをするほうが安全です。急激に大量の水を換えてしまうと、水槽内の水質が急激に変化して、魚にショックを与えてしまうのです。

青水について

屋外飼育では青水が基本

前ページでも触れた、「青水」。植物プランクトンなどが豊富に含まれた、金魚が好む緑色の水ですが、たたき池やスイレン鉢などを使って金魚を屋外で飼育する場合には、この青水が飼育水の基本になります。といっても、屋外の水には自然に植物プランクトンなどが発生するので、そのまま放置していても青水の状態にはなるので、特別なことが必要なわけではありません。

とはいえ、屋外の飼育設備は水槽と比べ水量が多いとはいえ、限られた量の水には違いありません。徐々に劣化してくる場合もあります。また、夏場など日差

しの強い時期は、必要以上にプランクトンが発生してしまい、金魚の体調に影響を与える場合もあります。そういった時には少し新しい水を足して、青水を薄めてあげましょう。バケツなどに水を汲み置きしておいて、飼育水の緑色が濃くなったなと思ったら、適時、水を足してあげましょう。水を足す際に、水中に酸素も取り込まれるので、酸欠も防ぐことができます。

雨が降る時期であれば、ある程度自然に新しい水が足されることになるので、さほど心配はないのですが、晴天が続くような場合には、新水を足してあげることで、金魚のより暮らしやすい環境を整えてあげられるのです。

column

金魚の尾

金魚の尾にはいろいろなバリエーションがあります。そしてそれぞれに素敵な名前がついています。まず一般的なフナのような尾はフナ尾。これが花弁のような形に分岐していると、三つ尾や四つ尾と呼ばれます。またコメットの吹き流し尾や地金の孔雀尾、土佐金の平付き尾など、品種を特徴付ける尾の形もあります。

金魚を繁殖させてみると、フナ尾同士を掛け合わせても、その稚魚に三尾の魚がいたりするのですが、これら尾の形の遺伝子が昔から金魚の遺伝子の中に受け継がれていることの証拠です。金魚すくいの金魚にもいろいろな尾のバリエーションがいたりするのでぜひチェックしてみてください。

和金の三つ尾

地金の孔雀尾

和金などに見られるフナ尾

長く伸長した吹き流し尾

土佐金の平付き尾

Chapter6

毎日のお世話

ここでは日常的な金魚の飼育管理について見ていきたいと思います。金魚はきちんと飼育すれば５年以上生きることも稀ではありません。そのためにも毎日の飼育管理は大切です。

基本的な日常の管理

日頃からの健康チェックを忘れずに

飼い始めの不安定な時期を越えてしまえば、金魚の飼育はそれほど難しいことはありません。基本的には丈夫な魚ですので、定期的な水換えを行って、水質の悪化を防ぐことと、きちんと餌をあげることなどが普段のお世話の中心になります。そのため、つい忘れてしまいがちなのですが、毎日金魚の様子を観察してほしいのです。「今日も元気に泳いでいるな」くらいでもかまいません。短時間でもこまめに様子を見ていると、ちょっと金魚が体調を崩した時などにその変化に

気付いてあげることができます。そして、早いタイミングで変化に気付くことができれば、病気などの場合でも早く対処することができるのです。

チェックするポイントとしては、泳ぎ方や呼吸の速さ、ヒレの状態など、体調の変化が表れやすいところを確認するようにしましょう。そして普段と何か様子が違うな、と思ったら、早めに対策をとるようにする。これが金魚を上手に飼う一番のコツかもしれません。

〈毎日の観察でチェックしたいポイント〉

泳ぎ方	普通に泳いでいるか、沈んだり、浮き気味ではないか
エラ	呼吸が速くなっていないか、エラ蓋が閉じたまま、開いたままになっていないか。両方動いているか
鱗	鱗がはがれたり、出血の痕跡はないか。浮いたりしていないか
ヒレ	ヒレに充血は見られないか、切れたり溶けた様子はないか。白点などがみられないか
飼育水	水が濁ったりしていないか。 水温などは以上ないか。

水換えと掃除について

金魚は水を汚しやすい魚

水中で暮らす金魚にとって、飼育水は何よりも重要な存在です。この水が汚れてしまえば、そのまますぐに魚の健康に影響を与えてしまいます。特に水槽や金魚鉢など、入れられる水の量が少ない飼育容器の場合、水質の悪化や温度変化が起こりやすくなるので、できるだけこまめな水換えやメンテナンスが必要になります。また、金魚は大量にフンをするため、比較的水を汚しやすい魚ともいえます。そのためきれいな飼育水を保つためには、こまめな掃除と水換えが必要になります。

小型の水槽や金魚鉢での飼育の場合には、少なくとも週に１度くらいは、掃除と水換えを行うようにしたいものです。もちろん、１週間以上間隔をあけても、しっかり水ができている状態であれば問題がないことも多いのですが、間隔が開

水草の間などにゴミや餌の残りが溜まることもあるので、水換えの時に吸い出そう。

飼育水に水道水を使う場合は、カルキを抜くことを忘れずに。

けば開くほど一度に換えなければならない水の量が増えてしまい、水換えのたびに水質が大きく変化して結果的に金魚の体に負担がかかってしまいます。これを避けるためにも、可能であれば数日おきに、少量の水を換える、もしくは蒸発した分の水を足していくといった形でこまめにケアをして、水質を維持して、週に１度程度、掃除を兼ねて少し多めに水換えを行う、といったペースでよい状態の水をキープしてあげましょう。

また、掃除については、食べ残した餌やフンは気が付いたら網で掬い取って捨てるようにすれば、水質の悪化を防げます。そして多めの水換えをする際には、底砂の中に溜まったゴミなども吸い出すようにして、飼育水をクリーンに保ちましょう。

コケ取りは必要？

青水についての項目で触れたように、金魚にとって藻や植物プランクトンは餌であるため、飼育水の中に藻やコケが発生しても基本的には悪い影響があるわけではありません。ただ、水槽飼育の場合は見た目が悪くなったり、魚が見えにくくなるので、水槽の表面にコケが付いたら、メラミンスポンジなどを使ってこすり落としてしまいましょう。コケも種類によってはなかなか落とせないような頑固なものもあるので、見つけたら水槽内に広がらないうちにすぐに落としてしまうほうが後々楽になります。

コケ取り用の道具もいろいろな物が市販されている。

コケ取りにも便利なメラミンスポンジ。

季節ごとの飼育管理

キーワードは温度変化と酸素

金魚は基本的には日本国内で生まれ育った魚なので、四季の変化にも対応ができる魚です。とはいえ、気を付けておくべきポイントがいくつかあります。季節が変わることで、一番変化する可能性があるものは温度です。飼育環境が屋外の場合には、外気の温度変化で水温が変わってきます。また、室内で飼育している場合でも、水槽などを設置している場所によっては、季節による温度変化の影響を受ける場合があります。

ただ、少しずつ温度が変化するのであれば、金魚はある程度は対応してくれます。ですから、屋外の池や大きな鉢など、水量の多い環境で飼っている場合、例えば冬場に急に冷え込んでも、水温の変化が比較的緩やかであれば、金魚は底のほうでじっとしているなど活性は下がりますが、温度の変化を乗り越えてくれるのです。

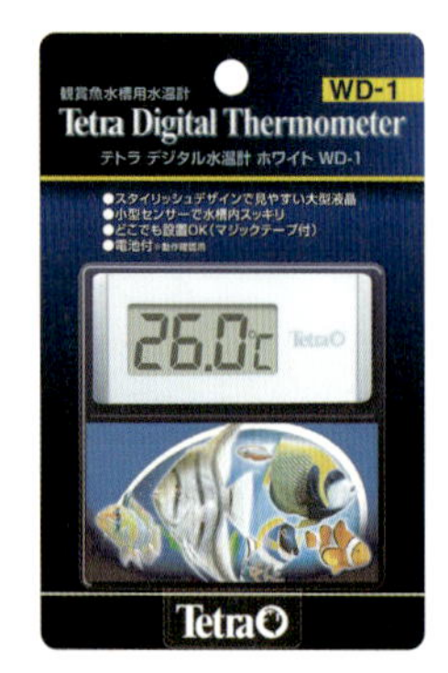

水温の管理は重要なポイント。

問題となるのは、水量が少ない環境で飼育する場合です。こちらは、季節による水温の急激な変化をなるべく抑えることが大切になります。

もうひとつ見落としがちなことがあります。それは水中に含まれる酸素の量です。金魚は水中に含まれる酸素をエラから体に取り込み、呼吸をしています。ですから、飼育水の中に含まれている酸素が少なくなれば、酸欠を起こす場合もあるのです。そして水温によって、その水の中に含まれる酸素の量は変化します。目で見える変化ではないので、つい忘れがちなポイントですが、しっかり気を付けてあげましょう。

春・秋の管理

過ごしやすい気温の日が続く、春や秋の時期は飼育においても心配ごとが少ない時期です。春は水温が上がってくるにつれて、金魚の活性が上がってきて元気に餌を食べたり、泳ぎ回るようになります。水温が20℃近くまで上がって来ると、成長したオスとメスが入れば卵を産むこともあります。一度産卵すると1、2週間程度のペースで数回にわたり産卵することもあります。金魚の活性が上がって来ると、フンなどで水も汚れやすくなってきます。魚の様子を観察して、水質悪化には十分注意しましょう。

一方、秋の場合は水温の低下とともに、金魚もだんだんと動かなくなってきます。水温が高い間は餌も積極的に食べてくれますが、徐々に食べなくなってくるので、食べ残しが発生しないよう、餌の量を少なめにしていきます。とはいえ、最近では10月でもまるで夏場のような気温が続く場合もありますので、金魚の様子を見ながら、調整しましょう。残暑が厳しい時期や、冬が近づいて急激な冷え込みのあるような場合には、急激な水温の変化が起こりやすくなるので、注意が必要です。特に急に冷え込むような場合、白点病などの病気が出ることがあるので、泳ぎ方の変化やヒレ先などに異常がないかなど注意してあげることが大切です。

夏の飼育管理

夏場は金魚すくいなどがお祭りなどで行われることも多く、金魚鉢などの涼しげなイメージがあるため、金魚は夏の魚というイメージが強いかもしれませんが、実は金魚は夏場に強いわけではありません。特に水槽や金魚鉢など水量が少ない環境で飼育している場合、外気温の上昇に伴って、水温も上がってしまいます。高水温になると、水中に含まれる酸素が少なくなり、酸欠を引き起こしやすくなります。水面近くでパクパクと口を開いているようであれば、酸欠のサイン。できれば、水槽や金魚鉢などで飼育する場合は気温の高い時期はエアポンプなどでエアレーションをして、飼育水の中の酸素を殖やすようにしてあげましょう。特

夏場は酸欠状態にならないよう注意。

に春に生まれた稚魚など、体力があまりない魚を飼育している場合には、酸欠は致命傷になってしまうこともあるので注意が必要です。

また、室内飼育の場合、水槽や金魚鉢を設置するスペースも考えてあげましょう。直射日光が当たる場所では水温が上がりすぎてしまう場合もあります。また、冷房が直接当たるような場所では、水温変化が激しいこともあります。室温と水温をこまめにチェックして、金魚の体に負担のかからないような環境を整えてあげてください。

エアポンプやフィルターを使って酸素を補ってあげよう。

冬の飼育管理

冬になると金魚の活性もかなり落ち、水槽の底のほうでじっとしていることが多くなるはずです。金魚がほとんど動かないようなら餌を与える必要はありません。暖かい日などに、金魚が泳いでいるようであれば、少しだけ餌を与えるくらいにして、春まで過ごさせます。

金魚の活性が低くなれば水もあまり汚れなくなりますので、普段の水換えも多少ペースダウンをしても問題ありません。底のほうに溜まっているフンや食べ残しの餌を吸い取って、その時に減った分の水を補う程度でも問題はありません。そのまま、春先になって水温が上がり、泳ぎ始めるまで静かに休ませてあげましょう。

ただ、冬場も泳ぐ姿を楽しみたいという場合には、水槽でヒーターを入れて飼育する方法もあります。この場合は水温が下がらず安定しているため、飼育管理は夏場と同様に行えば問題ありません。水温が安定しているので、白点病など、急激な温度変化で出やすい病気も起こりにくくなるメリットもあります。

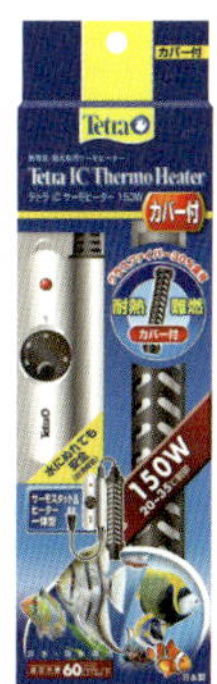

ヒーターを使えば
水温が安定する。

column

金魚の飼育管理表

コピーを水槽の近くに置いて毎日の管理に役立てましょう

水槽サイズ	______cm × ______cm × ______cm
金魚の種類	
水質チェック	(pH)______________________
水換え	______月______日実施／次回______月______日　予定
餌	______日おき
水温	______℃
水槽の掃除	______月______日実施／次回______月______日　予定
備考	

Chapter 7

金魚と水草

金魚の水槽や金魚鉢などにちょっと水草が入ると、それだけで雰囲気も華やぎます。この章では水草と金魚に関することをまとめてみました。

金魚と水草

水草は必要なの？

金魚を飼育する場合、水槽飼育の場合でも、金魚鉢での飼育であっても、金魚のほかに何も入れずに飼育するのは味気ないものです。水草の緑が少し入るだけでも、金魚の赤と相まって、水槽の中の印象がかなり変わるものです。

また、そうした見た目だけの問題だけでなく、金魚にとって、水草があることはメリットがあります。まず、第一に金魚にとっては水槽内に隠れることができる場所ができるということ。金魚にとっては、すべてガラス張りの飼育環境の中に置かれているので、何か異変を感じた時に、ちょっと隠れる場所があるのとないのではストレスの度合いが違います。

また、金魚によっては水草をちょっとついばむような場合もあります。そして産卵の時期に水草があれば、細かな葉や根の部分に卵を産み付けることもあります。いろいろな意味で金魚にとって水草が飼育環境の中にあることはメリットのあることなのです。

育成しやすい水草を選ぼう

水草といってもたくさんの種類があります。金魚藻やホテイアオイは金魚の飼育で使われる水草の代表格といえます。このほかにも丈夫で育成の難しくない水草であれば、特に問題はありません。ただ、水温や水質にうるさい種類の水草や、育成自体が難しい水草、CO_2の添加が必要なものなどは避けたほうが無難です。金魚は水を汚しやすいため、水換えなどが頻繁になることが多いので、水質の変化に強く、丈夫で育てやすい水草を選ぶとよいでしょう。アクアリウムショップなどでいろいろな種類の水草を扱っているので、ショップのスタッフに相談してみてもよいと思います。飼育環境やスタイルに合わせて、扱いやすい水草を選んで、金魚の環境を整えてあげてください。

〈金魚と相性の良い水草〉

アナカリス

金魚藻の名でも流通している水草で、カボンバと並びポピュラーで育てやすい水草。日本の川や湖にも帰化している。

マツモ

入手しやすい水草の入門種。底砂に植え込むだけでなく、水槽内に漂わせてもよい。伸びすぎたら適度にトリミングをしておきたい。

カボンバ

比較的低温にも耐えられるので、金魚用のヒーターの入っていない水槽でも育成可能な水草。育成自体も簡単なので初心者向き。

ホテイアオイ

夏場に池などで見かける機会の多い水草。水面付近で浮くので金魚飼育でもよく利用される。もともとは南米の水草。

アマゾンフロッグビット

アメリカの熱帯域から南米に分布する浮草の仲間。金魚鉢などでも使いやすいタイプの水草。

グリーンロタラ

九州などに自生する水草で、水槽レイアウトに欠かせない品種。育成も手がかからないので初心者にもおすすめ。

水草と外来種の問題

最近では、池の水を抜いて外来種を駆除するといったテレビ番組が人気になったりと、外来種の話題がずいぶんお茶の間にも広がってきました。でも、実は水草でも外来種の問題が大きくなっているのをご存知でしょうか。

近年、日本の湖や川、池などに自生する日本固有の水草が、外来種の水草に押されて、失われてきているのです。水草の外来種、というとあまりピンとこないかもしれませんが、植物の世界にも外来種の問題は昔からあります。ある程度の年代から上の世代の人には、セイタカアワダチソウを覚えている方

も多いのではないでしょうか。

金魚の飼育環境作りに使われる水草も、日本の水草だけではありません。もちろん、屋内の水槽や庭の池の中だけで、外来の水草を使うことは問題ありません。ただ、その水草を川や溝にながしたりすることで、自然界に外来

種を広げてしまうきっかけとなってしまいます。

以前は「外国産の水草が外に流れても、日本の冬の気温に耐えられないので、寒くなれば枯れてしまうから平気」といったことも言われていましたが、昨今の温暖化で、日本の冬でも枯れずに残ってしまうことも十分にあり得ます。

ついつい、植物だと、軽く考えてしまいがちですが、捨てる時はきちんと袋に入れてゴミとして捨てるようにして、自然の中に出さないということが大切です。

アナカリスも、日本の各地で見ることができる。

Kingyo Gallery

Chapter8

金魚の繁殖

ここでは金魚の繁殖について見ていきたいと思います。自分好みの特徴を持つ金魚を作り出していくという楽しみ方も金魚では可能です。一度チャレンジしてみてはいかがでしょう。

産卵の時期

水温が20℃以上であれば繁殖可能

屋外の池などで飼育している場合、金魚は水温が20℃前後になる春から夏にかけて繁殖をします。ただ、水槽などで飼育している場合には、ヒーターを使用して水温を上げれば、1年中繁殖は可能です。とはいえ、繁殖させるにはいくつか条件があります。まず、オスとメスがいることは当然として、その両方が十分

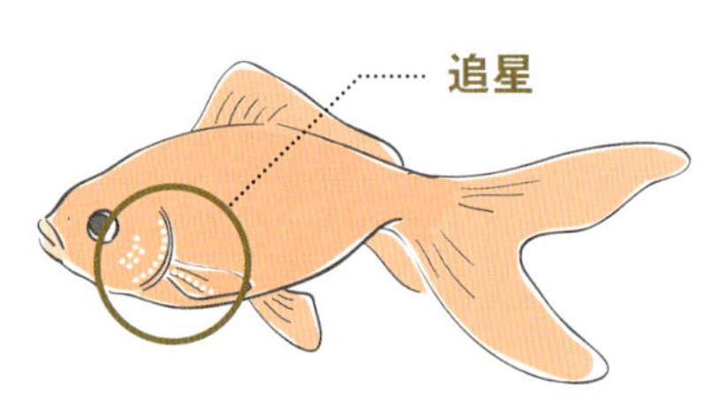

雄は、性成熟するとエラ付近に追星と呼ばれるものが見られるようになる。

に性成熟していなければ、繁殖はできません。

オスの場合は繁殖が可能になると、胸ビレのあたりに、白い「追星」と呼ばれ

ものが現れます。オスがメスを追いかけ、体を擦り付けたり、腹部をつつくような行動を見せるような行動をとると、それに応じてメスは卵を産み、オスはその卵に精子をふりかけて、受精させます。性成熟したオスとメスを同じ水槽に入れておけば、基本的には自然と繁殖をしますが、繁殖を促したい場合には水換えをしてみるとよいでしょう。水温などの条件が整っていれば、

水換えが刺激になり、産卵を行なうことがあります。

ちなみに卵はマツモやホテイアオイの根など目の細かい部分などに産み付けられます。こうした水草がない場合には、ビニールひもを束ねて結び、細かく裂いたものでも代用可能です。産卵後は卵を親魚が食べてしまうことがあるので、しっかりエアレーションをした-別の水槽を用意して、水草ごとそちらへ移動させて、孵化するのを待ちましょう。別水槽が用意できない場合には水槽に仕切りを入れて分けておくのでもよいでしょう。

マツモのような葉の細かい水草に卵を産みつける。

孵化と選別

稚魚の餌は泳ぎだしてから

金魚の卵は数日から1週間程度で孵化します。それまでの間、卵の様子に注意してください。卵が生きている場合、ほぼ無色透明です。白く濁ったような色の卵は残念ながら死んでいます。死んだ卵はすぐに取り除かないと、水カビなどが発生し、他の卵に影響が出てしまいます。死んだ卵を見つけたらスポイトなどで吸い取って取り除くようにしましょう。

卵が孵化すると、小さな稚魚が出てきます。生まれてすぐはお腹に卵黄（ヨークサック）がついているので、これがある間はエサは必要ありません。ヨークサックが吸収されてなくなり、泳ぎ始めたらエサを与えます。エサはブラインシュ

選別はこれよりも小さなサイズからはじまる。

リンプを沸かして与えます。ブラインシュリンプがない場合には、裏漉ししたゆで卵の黄身などを少量与えるとよいでしょう。

選別は経験が必要

らんちゅうなどを繁殖させて、品評会に挑戦する場合、「選別」ということが必要になります。稚魚の段階で、姿や泳ぎ方を見てよさそうな稚魚を分けて育てていくことです。とはいえ、これにはかなりの経験と知識が必要です。お住まいの近くで金魚の同好会などがあれば、そこに入会して、ベテランの方に選別の仕方を聞いたり、選んでもらって徐々に知識を付けていくしかありません。少しずつコツを覚えて自分の好みの金魚を作るというのも、金魚飼育の楽しみ方のひとつです。

column

金魚の終生飼育

この章では繁殖について触れましたが、金魚は一度にたくさんの卵を産みます。そのため、一度繁殖すると、かなりの数の稚魚が産まれることになります。もちろん、そのたくさんの稚魚がすべて成魚まで育つわけではありません。孵化できない卵もあるでしょうし、稚魚の段階でもいろいろな要因で死んでしまうこともあります。とはいえ、それなりの数が成魚まで育つことになります。

もちろん、自分の家で生まれた金魚なので、全部自分で飼う、というのであれば問題はありません。しかし、数が多ければ、それなりのスペースも必要になってくるので、自分だけでは飼いきれない、といった事態も出てくる可能性があります。

昔はよくいらない稚魚をドブや川に流す、といったことも行われていました。しかし金魚は自然界にいる魚ではありませんし、生態系に影響を与える可能性もあり、絶対にやってはならないことです。

たくさんの稚魚が採れた場合には、自分で飼えるものはきちんと最後まで面倒をみて、どうしても飼えない分は、あらかじめ稚魚をもらってくれる人を探しておいたり、アクアリウムショップなどに相談をするなどして、自然界に放すようなことのないようにしましょう。

Chapter9

金魚の品種を知ろう

ここではさまざまな金魚の品種をご紹介。江戸時代から受け継がれてきた品種もあれば、最近になって作り出された品種もいます。さて、どんな品種がお好みですか？

更紗三尾和金

金魚の基本形ともいえる、オーソドックスな姿をした金魚。紅白の鮮やかな色彩と華やかな三尾が美しいタイプ。

桜三尾和金

透明鱗が生み出す独特な淡い桃色の体色が、通常の和金とはかなり異なった趣を見せる三尾の和金。

白隼人和金

和金の名をもつが、系統的には和金ではなく、東錦系から生まれたといわれる新しい品種。隼人和金の赤と浅葱色が消え、白の体色を持つタイプ。

朱文金

浅葱色の体色と長く伸びる各ヒレが美しい金魚。明治時代に三色出目金と和金、ヒブナから作出されたといわれる。

ブリストル朱文金

イギリスで作出された品種。朱文金の面影を持ちながら、尾の形が横から見るとハート形をしているのが特徴。

コメット

日本からアメリカに持ち込まれた琉金の突然変異個体とフナを掛け合わせて作られた品種。体型的には朱文金と近く、長く伸びた尾ビレが特徴。

地金

江戸時代に尾張藩の藩士が和金の中から特徴のある尾をもつ個体を選別、固定化したといわれる。昭和33年に愛知県の天然記念物に指定されている。

琉金

丸い体型と特徴的な尾が美しい金魚。江戸期に中国から当時の琉球を経由して持ち込まれたのでこの名がついたとされる。

キャリコ

明治時代にアメリカ人からの依頼で、秋山吉五郎氏が琉金と三色出目金を交配させて作出したとされる。キャリコとは「まだら」の意味。

桜琉金

透明鱗タイプの琉金。以前は稚魚の時に選別淘汰されていたが、近年、透明鱗を持つ魚の人気が上がってきたため、流通するようになってきた品種。

土佐金

1800年代に土佐藩で作られた品種で、優美にはためく尾ビレが特徴。昭和44年に高知県の天然記念物に指定されている。

玉サバ

丸い体型と、長く美しいフナ尾が特徴の金魚。山形の庄内金魚と琉金との交配によって作り出されたといわれる品種。

福ダルマ

富山の養魚場で玉サバをさらに改良して作出された品種で、体型は玉サバよりさらに丸くなっている。

素赤蝶尾

一見出目金に見えるが、上から見た時に蝶のように広がる尾ビレが特徴。中国から昭和50年代頃に入ってきた品種。

パンダ蝶尾

蝶尾の中でも体色が白と黒のものは単に「パンダ」と呼ばれることもあり、人気が高い。

レッサーパンダ（蝶美）

赤と黒の模様を持つ個体。白黒の体色をもつ蝶尾のことをパンダと呼んだことから、この名がついた。

オランダ獅子頭

江戸期に中国から入ってきた品種で肉瘤の発達した頭部が特徴的。当時輸入されてきた珍しいものをオランダと呼んだため、この名がついたという。

東錦

昭和初期にオランダ獅子頭と三色出目金の交配から作出された品種。ウロコはモザイク透明鱗で肉瘤のみ赤くなる。

東海錦

地金とパンダ蝶尾を掛け合わせて産まれた新しい品種。地金の色柄と体型に蝶尾の尾をもつ品種。

素赤水泡眼

上向きの眼球と眼の左右に付く風船のような水泡が眼を引く魚。もともとは中国で長らく門外不出とされていた金魚。

花房

鼻の部分に房のようなものがついた金魚で、背ビレのあるものを日本花房、無いものを中国花房と呼ぶ。

茶金

赤や白の体色が多い金魚の中で、独特な体色が目を引く金魚。肉瘤が発達するものとしないものがいる。

青文魚

青味がかった黒い体色が特徴的な金魚。体型としてはオランダ獅子頭だが肉瘤が大きく発達するものとしないものがある。

丹頂

頭頂部の赤以外は全身白い金魚。戦後になって中国から持ち込まれた品種。

ランチュウ

頭部の発達した肉瘤と背ビレが無く、丸い体型が特徴的な金魚。愛好家も多く、秋には全国で品評会も開かれる。

アルビノランチュウ

ランチュウのアルビノ個体。近年、作出された個体で赤い目、透き通るような体色で独特の雰囲気をもつ。

出目ランチュウ

中国から持ち込まれた金魚で、最近では国内ブリードのものも流通する。ランチュウ体型と出目の特徴が微笑ましい。

大阪ランチュウ

元々は大阪で飼育されていたランチュウを戦後復元したもの。肉瘤はあまり発達せず、鼻髭と呼ばれる房状のものがある。

三州錦

ランチュウと地金の掛け合わせで産まれた品種。体型はランチュウ型で体色と尾は地金の特徴を持つ。

南京

島根県の出雲地方で作出された金魚で1700年代から現在までその血統が続く。島根県指定の天然記念物。

江戸錦

戦後、らんちゅうと東錦を掛け合わせて作出された金魚。体型はランチュウ型で体色は東錦の三色を受け継いでいる。

桜錦

ランチュウと江戸錦の掛け合わせから作出された金魚。体色は更紗の紅白で浅葱色は発色しない。

ピンポンパール

珍珠鱗とも呼ばれ、真珠を半分に割って貼付けたような盛り上がった鱗と、詰まった体型が特徴の金魚。

ちょうちんパール

ピンポンパールとよく似た体型だが尾がフナ尾のため、ピンポンよりも泳ぎが速い。これは体色が白のタイプ。

桜ちょうちん

チョウチンパールの透明鱗をもつタイプ。淡い体色でかわいらしさが強調されている。

素赤浜錦　.

珍珠鱗を元に日本で作出された金魚、浜錦。独特な形状の肉瘤をもつが、これはその素赤体色のもの。

column

中国と金魚

金魚はもともと中国で生まれ、その後日本に持ち込まれたといわれています。実際、遺伝子を辿っていくと、中国のフナの仲間に行きつくことが知られています。その後、日本でさまざまな品種が開発され、発展を遂げた金魚ですが、近年、また中国でたくさんの金魚が作り出され、日本に入ってきています。出目金に似た姿で人気の高い蝶尾や青文魚、ピンポンパールなども中国で作り出された金魚です。どの品種も姿が特徴的なので、金魚の出自を調べてみるのも面白いものです。

また、中国以外にもアメリカやヨーロッパなどで、愛好家が作り出した品種もいます。日本で思っている以上に世界中に金魚の愛好家は広がっているのです。

Chapter 10

金魚の病気と健康管理

金魚も季節の変わり目や体力が落ちてきた場合などに病気になることがあります。そうした時には適切な治療をしてあげる必要があります。

よく見られる病気と対処法

早期発見が治療のカギ

金魚も生き物である以上、体調を崩したり、病気になることはあります。そして、金魚を飼育していると、必ずといってよいほど病気の問題はついてまわります。それだけ病気を目にすることが多いのですが、これはそれだけ金魚が繊細な魚でもあり、同時に丈夫な魚でもあるからです。弱い魚であれば、水質が悪化したり、病原菌が水槽の水に入ってくればそれだけで死んでしまうこともあります。症状が出て、飼い主さんが「病気かも」と思える段階まで命をつないでいるということは、それだけ丈夫な魚ともいえるのです。ですから、病気かなと思ったら

すぐに治療を行ってあげれば、治療に耐え、また元気に泳ぎ回ってくれる可能性もあります。

金魚の病気はできるだけ早期発見をして、早期治療を行うことが大切です。病気も早く気付いてあげれば、その分治療も容易にでき、回復も速くなります。そのためにも、普段の餌やりの時などに、金魚の泳ぐ姿やヒレの状態、ウロコの状態などに変化が無いか気をつけて観察するようにしましょう。

松かさ病のらんちゅう。

金魚によく見られる病気

白点病

金魚の病気で一番多くみられるといっても過言ではないほどの病気です。ヒレ先や体表に白い点のようなものが付き、そのうちにあっという間に全身を覆うように広がってしまいます。エラに寄生されると金魚は呼吸困難を起こしてしまうので、早期に治療が必要です。繊毛虫の一種が寄生するのが原因です。白い点もしくは綿のような物がついているように見える。他の魚にも感染するので要注意。魚病薬ではグリーンFやマゾテンなどが有効で、水温を25℃以上に上げます。

穴あき病

病気の初期の段階ではウロコが数枚程度盛り上がって、充血します。その後、徐々に盛り上がっていたウロコがはげて肉が露出し、穴があいたように見えるため、「穴あき病」などと呼ばれています。原因はエロモナスやサルモニシダなどの細菌といわれ、魚病薬の「エルバージュ」などで治療します。

転覆病

お腹を上にして、ひっくりかった態勢のまま泳ぎます。原因としては、先天的なものであったり、浮袋の異常などが挙げられます。治療法としては特にはありません。

尾腐れ病

尾やヒレが腐ったように溶けてしまう病気。カナムナス菌という細菌の感染によって起こり、最初は尾が白っぽく濁ったようになり、徐々にヒレが破れるように溶けていきます。抗菌剤などで治療可能なこともあります。ただし、寄生虫が原因で同じような症状を見せることもあり、その場合は駆除剤を使用することになります。

松カサ病

全身のウロコが逆立って、まるで松ぼっくりのような姿になってしまうため、このがついています。水質悪化などが原因で細菌感染が起き、松カサ病になることが多いとされますが不明な部分も多く、まずは水換えをすることが重要。また抗菌剤のパラザンDなどと0.3%程度の塩水浴などで治療する場合もあります。

エラ病

片側もしくは両側のエラ蓋が閉じて動かない状態をまとめてエラ病と呼びます。この原因はさまざまで、急激な温度変化や寄生虫、細菌感染などで引き起こされるといわれています。初期段階で治療しなければエラの組織が脱落したりする場合もあるので、ふだんからエラが閉じたままになっていないか、エラの動きに異常がないかをチェックしてあげましょう。

また、他の魚に感染もするので、早めに発見して治療が必要な病気です。0.5%程度の食塩水に入れてしばらく様子を見たり、寄生虫の場合には駆除薬などを使用して治療します。

病気にさせない環境作り

急な変化を回避する

金魚が病気になってしまうと、せっかくの楽しい飼育が辛いものになってしまいます。しかし、それほど恐れることはありません。人間やほかの動物と同じように、金魚も安定した環境下であれば、ほとんど病気にはなりません。つまり、まずは病気の治療よりも、病気にさせない環境づくりを徹底することが大切なのです。

病気になる最大の原因は環境の急変です。急激な水質悪化や水温変化には十分気をつけましょう。基本的には26℃前後の水温で安定させてあげましょう。水温を安定させるためにも、水槽飼育であればヒーターを使用することをお勧めします。最近ではヒーターはコンパクトになり安価で購入できます。電気代もそれ

ほどかからないので、常に使用しているほうが安心です。

もうひとつ気を付けたいのが水質の悪化です。金魚はもともとフンが多く、水を汚しがちです。また、フィルターの機能低下でも水質悪化は起こります。フィルターの機能低下には要因がいくつかあり、それらを改善してフィルターの機能を最大限に引き出しましょう。最も多い機能低下は濾過材の目詰まりです。濾過材は目詰まりする前に定期的に汚れを落とします。ただし、洗い過ぎるとせっかく増殖したバクテリアを捨ててしまうことになるので、こまめに流す程度にしましょう。また、水換えとは同時に行わないことが水質を維持するコツです。

次にフィルター性能をオーバーした魚の飼育数や、糞や残餌が出てしまうことです。フィルターや水量にあった飼育数で飼育しましょう。

底床の汚れにも気をつけたいです。長い期間底床をそのままにしておくと、かなり汚れがたまってくるので、水換えの時に底砂の中のごみや汚れも吸い出すようにしましょう。

そして、最後に最も気をつけたいことがあります。それは、新しい魚を導入する時です。病原菌を水槽に入れてしまうこともありますし、新しい魚が環境の変化で発病してしまう可能性があるのです。そのため、新しい魚を入れる前にトリートメントタンクと呼ばれる、状態を回復させる水槽を用意することがベストです。その水槽で自宅の環境に対応してから導入するようにしましょう。

column

金魚の病気の治療

金魚が病気になった場合、病気に応じていくつかの治療方法があります。ひとつめ魚病薬を使った治療。２つめが塩水を使った治療。３つめが水温を上昇させる治療法。もちろんこのほかにもありますが基本となるのはこの３つの方法です。魚病薬については、それぞれの薬の説明書をしっかり読んで用法を守って使うことが基本になります。

２つめの塩水は、昔から観賞魚の治療として、使われて来た治療法です。方法としては塩水を作り、その中に金魚を入れ、浸透圧の影響を利用して菌や寄生虫を抑えます。また、予防的な意味で、購入してきたばかりの金魚を一定期間塩水の中で飼育し、白点病などの病気が発生するのを抑えるというような使い方もできます。

この時、使う塩は食卓塩ではなく、岩塩やあら塩を使用します。濃度については、昔から行われてきた治療法だけあってさまざまな説がありますが、一般的には0.3〜0.5%程度の濃度で治療を行う場合が多いようです。もちろん、高い濃度の塩水に魚を急に入れると魚にとってもショックが大きいので、0.3%くらいの濃度の塩水からはじめて、魚の様子を見ながら徐々に濃度を上げていく方法が失敗も少なく、魚にも優しいはずです。ひとつ気を付けてほしいのが、水草などが入っている水槽に塩を入れてしまうと、水草はダメになってしまいます。ですから、バケツや予備の水槽で、他に影響がでないようにしてから塩を入れるようにしましょう。

ちなみに0.5%の塩水、と言われてもどのくらいかピンとこない、という方も多いと思います。0.5%の場合、1ℓの水に対し、塩が5gになります。治療に使う水槽やバケツの量によって塩の量は変わりますが、実際に計ってみると、おそらく意外に多いな、という印象を持たれると思います。例えば60cm水槽の場合、水槽内の水の量は65ℓほどありますので、325gの塩を入れてようやく0.5%になるという訳です。

Chapter 11

金魚飼育のQ&A

ここでは金魚の飼育に関する疑問や質問の中から、いくつかピックアップしてみたいと思います。

Q1　金魚は種類が違っても一緒に飼えますか？

A　体型やタイプが一緒であれば大丈夫です。

金魚は体型でいくつかのタイプに分かれますが、この体系の違いで、泳ぐスピードなども変わってきます。同じ水槽の中に違うタイプの金魚を入れると、泳ぐスピードが異なるため、追いかけまわしたりすると、泳ぎの遅い金魚が疲れてしまい、体調を崩す、といったことがみられます。また、餌をあげた時に、動きの速い金魚ばかりが食べて、遅い金魚は餌を食べられない、といったことも起こります。ですから体型の異なる金魚は一緒に水槽にいれるのは避けたほうが良いでしょう。体型が同じようなタイプの金魚であれば、一緒に飼育しても問題はありません。

Q2　ヒレが破れたように裂けていますが再生しますか？

A　まずは病気の治療から始めましょう。

金魚のヒレは病気の有無をチェックするときのバロメーターのようなもので、健康であれば、きれいに整っていて、病気の場合には、充血したり、溶けたり、裂けたりといった症状が出やすい場所です。ヒレが避けて破れているような様子ということは、何かしらの病気の可能性があります。まずは病気の治療を行うことが先決です。病気が治れば、ある程度ヒレは再生する場合もあります。

金魚はかわいい瓶などに入れても飼えますか？

長期の飼育は難しいです。

金魚を飼う時に、金魚鉢などを使うのは、涼しげだったり、インテリア性が高かったりするからだとは思いますが、飼育という面からみるとあまり好ましいわけではありません。その理由としては、中に入れられる飼育水の量が少量だからです。金魚は基本的に丈夫な魚なので、金魚鉢や小瓶のようなものの中でも、ある程度は生きていけます。ただ、水量が少ないということは、水質の悪化のスピードも速く、また気温の変化によって水温も上下しやすいという面があります。そのため金魚に良い環境とは言い難いのです。もちろん、こまめに水質を管理して、温度にも気を配ってあげれば飼育は可能ですが、金魚のことを考えると、できるだけ広い水槽などで飼育してあげたほうが、水質なども安定しやすいので、安心です。

金魚の餌以外はあげてはダメ？

できればほかの食べ物をあげるのは避けましょう。

金魚はフナから作られた魚なので、フナ釣りの餌などで使われるような食べ物、例えば麸やマッシュポテトなどであれば、食べてくれます。ただ、水中に入れた餌をすべて食べきってくれればよいのですが、必ず食べこぼしや食べ残しが発生します。そして、金魚の餌と比べると、こうした食べ物は水の中ですぐ腐ってしまい、水質を悪化させてしまうのです。ですから、どうしても必要なことがない限り、ほかの食べ物を食べさせることは避けたほうが無難です。

Q5 熱帯魚やほかの動物と一緒に飼えますか？

種類によっては可能なこともあります。

金魚は丈夫な魚ですので、熱帯魚の飼育温度（25℃程度）であれば、問題なく飼育できます。ただ、熱帯魚といってもさまざまな種類がいます。まず大きさが異なる熱帯魚は、混泳は避けたほうが無難です。また肉食の魚も混泳はNGです。小型で泳ぐスピードが同じような魚であれば、一緒に泳がせても大丈夫だと思います。

他の動物も同様で、肉食のカエルやザリガニなどは一緒に入れると金魚を食べてしまします。ですから、事前に混泳させたい動物の食性などを調べてから、同じ水槽に入れるかどうか判断しましょう。

Q6 水面で口をパクパクさせているのは餌が足りない？

酸欠になっている可能性があります。

金魚が水面付近まで上がってきて、口をパクパクさせるのは、確かに餌を欲しがっているようにも見えますが、水中に含まれる酸素が足りず、酸欠状態になっている可能性もあります。特に夏場などの水温が高い時期には水中に溶け込んでいる酸素の量は少なくなりがちです。頻繁にパクパクするようであれば、エアポンプなどを使ってエアレーションをかけてあげましょう。

冬場はヒーターを入れたほうがよい？

急激な温度変化でなければ、多少温度が下がっても大丈夫。

金魚はもともと日本の自然の中にも生息しているフナから改良された魚ですので、基本的には日本の四季の変化による水温の上下には耐えられる魚です。もちろん凍るほど冷えてしまえば別ですが、冬場に水温が徐々に下がってくるのであれば、水の底のほうでじっとして水温が上がるのを待ち、耐えています。ですから、さほど心配することはないのですが、急な冷え込みなどで急激に水温が下がったりすると、白点病などの病気を発症する場合もあります。そうしたことを避ける、予防的な意味で、ヒーターを使い、水温を安定させることは良いことだと思います。

30cm水槽で飼育は問題ない？

A

1年目の魚であれば大丈夫です。

金魚は実は大きくなる魚です。種類や個体差もありますが、上手に飼えば30cm程度に成長する魚なのです。ですから、まだ体の小さな1年目の魚であれば、30cm水槽のような小型の水槽でも問題ありませんが、体が大きくなる2年目以降はもう少し広い水槽に移してあげたほうが金魚にとっても過ごしやすいと思います。

Q9 1週間ほど家を空けても大丈夫？

A 設備をきちんとしておけば、問題ありません。

金魚は数日から1週間程度、餌を食べなくても大丈夫な魚です。ですから、1週間程度の出張などで家を空けたとしても、特に問題はありません。ただ小型の容器などで飼育している場合には、水質が悪化してしまうことがあるので、注意が必要です。できれば、大きめの水槽で、フィルターやエアレーションが動作している環境で飼育しましょう。そうした環境であれば1週間程度なら問題なく家を空けられます。

Q10 薬を使う時、そのまま水槽に入れればよい？

A 普段の水槽とは別の水槽を用意するほうが無難です。

金魚を一匹だけ水槽に入れて飼っている場合には、水槽を分ける必要はあまりないかもしれませんが、ほかに金魚がいる場合、その金魚にも薬の影響があるため、分けたほうが良いでしょう。また、薬によっては水草などに良くない物もあります。そして、薬によってはメチレンブルーのように水槽の枠のシリコン部分などに色がついてしまうものもあるので、メンテナンスの時は別の水槽に移して薬浴させるほうが無難です。

◆**協力**

やまと錦魚園、斧田観賞魚センター、ジャパンペットコミュニケーションズ、埼玉県水産流通センター、専門学校ちば愛犬動物フラワー学園、シモゾノ学園、高井誠、木村豊、GEX、キョーリン、スペクトラム ブランズジャパン、マルカン

著者プロフィール
佐々木浩之（ささきひろゆき）
1973年生まれ。水辺の生物を中心に撮影を行うフリーの写真家。幼少より水辺の生物に興味をもち、10歳で熱帯魚の飼育を始める。フィールドでの苔の撮影や、淡水の水中撮影をライフワークにしている。中でも観賞魚を実際に飼育し、状態良く仕上げた動きのある写真に定評がある。東南アジアなどの現地で実際に採集、撮影を行い、それら実践に基づいた飼育情報や生態写真を雑誌等で発表している。他にもフィッシング雑誌などでブラックバスなどの水中写真も発表している。
主な著書に、苔ボトル(電波社)、熱帯魚・水草 楽しみ方BOOK（成美堂出版）、トロピカルフィッシュ・コレクション6南米小型シクリッド（ピーシーズ）、ザリガニ飼育ノート、メダカ飼育ノート、金魚飼育ノート、ツノガエル飼いのきほん、ヒョウモン飼いのきほん（誠文堂新光社）などがある。

デザイン … 宇都宮三鈴
イラスト … ヨギトモコ
DTP … メルシング

飼育の仕方、種類、水作り、病気のことがすぐわかる!
アクアリウム☆飼い方上手になれる!　金魚　　NDC 666

2018年4月15日　発　行

著　者　佐々木浩之
発行者　小川雄一
発行所　株式会社誠文堂新光社
〒113-0033　東京都文京区本郷3-3-11
（編集）電話03-5800-5751
（販売）電話03-5800-5780
http://www.seibundo-shinkosha.net/

印刷所　株式会社 大熊整美堂
製本所　和光堂 株式会社

ISBN978-4-416-61808-0